U0231418

献给妈妈，
献给全世界所有的小读者和大读者们。
书中的安卓机器人是以谷歌公司创建和共享的作品为原型设计而成的，
它的使用符合《知识共享许可协议2.0 版本》的相关条款。

儿童编程
思维启蒙书

这就是人工智能

（芬）琳达·刘卡斯 著
（Linda Liukas）

王新佳 曲正 译

化学工业出版社

·北京·

北京市版权局著作权合同登记号：01-2021-2819

图书在版编目（CIP）数据

这就是人工智能／（芬）琳达·刘卡斯（Linda Liukas）著；
王新佳，曲正译．—北京：化学工业出版社，2021.6
（HELLO RUBY 儿童编程思维启蒙书）
ISBN 978-7-122-38975-6

Ⅰ.①这… Ⅱ.①琳…②王…③曲… Ⅲ.①人工智能-
儿童读物 Ⅳ.①TP18-49

中国版本图书馆CIP数据核字（2021）第071270号

责任编辑：谢婕妤 肖志明
责任校对：田睿涵
装帧设计：史利平

出版发行：化学工业出版社
（北京市东城区青年湖南街13号 邮政编码100011）
印 装：北京华联印刷有限公司
787mm×1092mm 1/16 印张$6\frac{1}{4}$ 字数150千字
2022年1月北京第1版第1次印刷

购书咨询：010-64518888
售后服务：010-64518899
网 址：http://www.cip.com.cn
凡购买本书，如有缺损质量问题，本社销售中心负责调换。

定 价：59.00元 版权所有 违者必究

目录
CONTENTS

写给爸爸妈妈的话

人工智能（Artificial Intelligence, AI）已经与我们的生活密不可分。当下，计算机正在变得越来越智能，它不仅可以倾听、做出反应、提出建议、预测未来，而且可以快速学习新事物。AI使智能手机具有更加强大的功能，并在不知不觉中使我们的互联网体验更好。

在这个技术越来越发达的世界里，每个人都应该对计算机如何学习、AI能做些什么，以及它所带来的伦理问题有一些了解。我们应该和孩子们聊一聊AI，因为他们有权认识这个可能影响到他们未来生活的事物。

这本书着重讲述AI的一个领域、一种解决问题的工具——机器学习。这本书适合由家长陪同孩子一起阅读。您可以自己决定，是先完整读完前面的故事再做后面的练习，还是每读几页故事就翻到后面相应的部分做练习。

练习部分的工具箱里准备了与每个主题相关的补充信息供您参考。请您一定要花一些时间和孩子反复做游戏练习。学习的节奏请由孩子自己决定：有的孩子喜欢读故事，而有的则喜欢做后面的练习。最重要的是每个孩子都可以在这本书中找到他的兴趣点。本书的最后有一个术语表，列举了全书相关的所有概念。此外，您还可以在露比相关网站上找到更多可供下载的资料。

AI发展得非常快！将来，AI到底是像一只狗或者一个幽灵、一个朋友或者一位助手，还是像一只热心的海狸？我无法给出答案，但我想给未来的小芭蕾舞演员、小生物学家和所有的孩子们一点建议：以自信和乐观的态度面对未来的AI世界，你们只需要保有好奇心和敢于探索的实践精神。🔷

人物介绍

露比（Ruby）

我喜欢学习新知识，我不喜欢放弃。我喜欢分享我的想法，比如：我爸爸是最棒的！我很会讲笑话。我喜欢搞恶作剧。我爱吃不放草莓的纸杯蛋糕。

生日	2月24日
爱好	地图、密码、聊天
讨厌的事	我讨厌困惑。

口头禅	为什么？
神秘超能力	我能想象不可能的事情。

茉莉亚（Julia）

我想长大后当一名科学家。我喜欢机器人技术。我有世界上最智能、最可爱的AI玩具机器人。露比是我最好的朋友。我有一个最棒的哥哥叫姜戈。

生日	2月14日
爱好	科学、数学、印度语、蹦蹦跳跳
讨厌的事	我讨厌人们对问题草草下结论。

口头禅	让我好好想想！
神秘超能力	我能同时做很多事情，比如100件！

小机器人（Robot）

我是一个精巧、干净的绿色机器人。我擅长计算。我的视力好极了，而且我能存储好多东西。

生日	每一天都是我的生日
爱好	统计
讨厌的事	不喜欢所有与味道相关的事。

口头禅	即便第一次不成功，我还可以试十亿次！
神秘超能力	我不需要睡觉和吃饭，但我是个吃电狂人。

等我们长大后，我们会成为——

小机器人去上学

露比和茉莉亚是最要好的朋友。他们俩住在同一条街道上，每天一起上学。

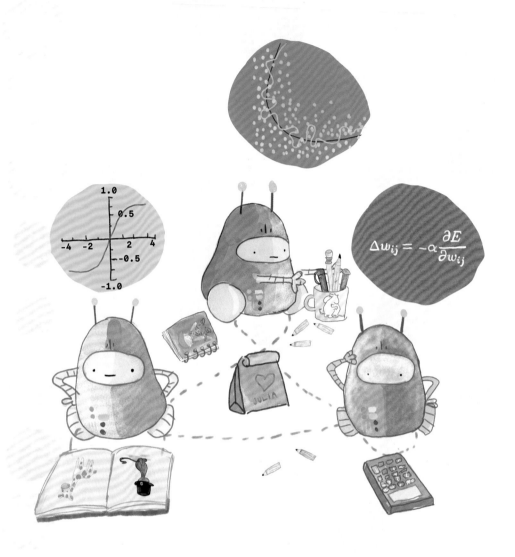

一天早晨，露比按响了茉莉亚家的门铃。

"可以走了吗？"露比问。

"我彻底走不了，"茉莉亚很恼火地说，"小机器人在捣乱。它把我上学要带的东西扔得到处都是。"

"小机器人整天在家里，可能待烦了吧。"露比想。

　　茱莉亚琢磨："是不是小机器人也需要有点儿事情做呢？"

　　"我有个主意！"露比激动地说，"我们带小机器人去上学吧！"

　　"学校里孩子太多了，还来了一位新老师。小机器人估计会紧张。"茉莉亚有点儿担心。

　　"你说老师知道怎么教机器人吗？"露比觉得小机器人去上学没问题，"虽然没人知道它的脑子里在想什么。"

"茱莉亚带小机器人来咱们班啦！"
露比大声宣布。

in	[Translateword["hello"],5]		
out	英语	••▶	"Hello!"
	中文	••▶	"你好"
	瑞典语	••▶	"Hej"
	日语	••▶	"今日は!"
	阿拉伯语	••▶	"السلام عليكم"

"它可聪明了。"茱莉亚笑着说。

"它叫什么名字？"一个孩子问。

"它会说话吗？"有的孩子纳闷。

正在这时，上课铃响了，孩子们一股脑儿冲进了教学楼。

"同学们，早上好！"老师告诉大家茱莉亚今天把小机器人带到了学校。

"茱莉亚，上课时请你把机器人放到玩具架子上。"老师说。

"这个机器人不是玩具，它是来学校学习的。它可以坐在椅子上听课。"露比还没等茱莉亚站起来，就赶紧向老师解释。

LUKUJÄRJESTYS

ADA   TATU
RUBY   LINUS
RISTO

TEUVO
JULIA

ROBOTTI

15

第一堂课讲情绪。

　　"选一张图片，请说说在什么情况下，你可能会有它上面那种表情。"老师说。

"如果我有两个冰激凌，而不是一个，我就是这个表情。"

"当你以为爸爸妈妈肯定把你的生日给忘了，而实际上他们并没忘，你就是这个表情。"

小机器人也拿起了一张图片，但是轮到它发言的时候，它却什么都没说。

"出了什么毛病？"一个孩子笑嘻嘻地说。

"小机器人很聪明，但它和我们不一样。"茉莉亚跳起来为小机器人辩护，**"它看东西的方式和感觉的方式都与人类不同。"**

"小机器人的眼睛一闪一闪的，里面有**传感器**。它的大脑滴滴答答地运转，里面是**人工智能**。"露比接着大声说。

19

第二堂是数学课。

当老师提问时，孩子们都积极举手发言。**小机器人盯着孩子们看了一会儿**，也把它小小的手举了起来。

"小机器人，你可以到黑板这儿来。"老师说。

$$J(W,b;x,y) = \frac{1}{2}\|h_{w,b}(x) - y\|^2.$$

$$J(W,b) = \left[\frac{1}{m}\sum_{i=1}^{m} J(W,b;x^{(i)}, y^{(i)})\right] + \frac{\lambda}{2}\sum_{l=1}^{n_l-1}\sum_{i=1}^{s_l}\sum_{j=1}^{s_{l+1}}\left(W_{ji}^{(l)}\right)^2$$

小机器人开始计算。

"不错哦！"老师低声说。

午饭前还有一堂美术课。

老师给同学们布置了一项任务：画一个红色的正方形、一个蓝色的圆圈和一个黄色的星星。

孩子们拿出彩笔准备画画，老师去储藏室取画纸。

你知道吗？等老师回来的时候，她会吓一大跳的。

　　小机器人拿着彩笔到处乱涂乱画，老师看了很不高兴。学生们赶紧把这些乱七八糟的画给擦了。

　　终于到了吃午饭的时间。

"小机器人差点儿惹出麻烦来，我们得看管好它。"
孩子们在餐桌前说。

球：50%

恐龙：55%

女孩：99%

磁带：10%

到了欢乐的午间休息时间。

小机器人仔细盯着孩子们玩耍。

"来和我们一起玩儿吧。"一个男孩儿说。

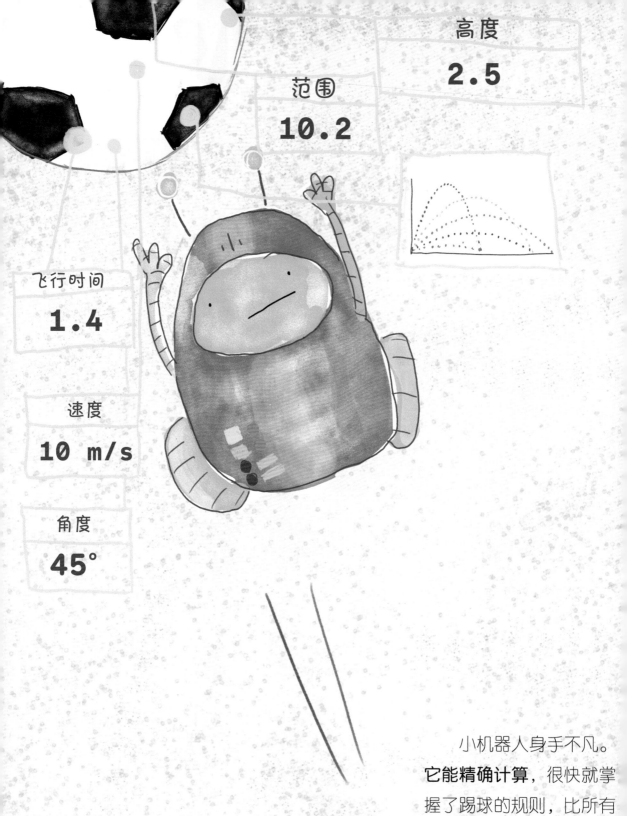

高度
2.5

范围
10.2

飞行时间
1.4

速度
10 m/s

角度
45°

小机器人身手不凡。**它能精确计算**，很快就掌握了踢球的规则，比所有人都踢得更远。

但当孩子们邀请小机器人一起玩儿过家家的时候，它把熊猫当成了足球，一脚把它踢到了孩子们搭的房子上。

足球：80%

“现在怎么办？踢球游戏玩得不错，但你把过家家的房子给毁了。”茉莉亚气呼呼地说。

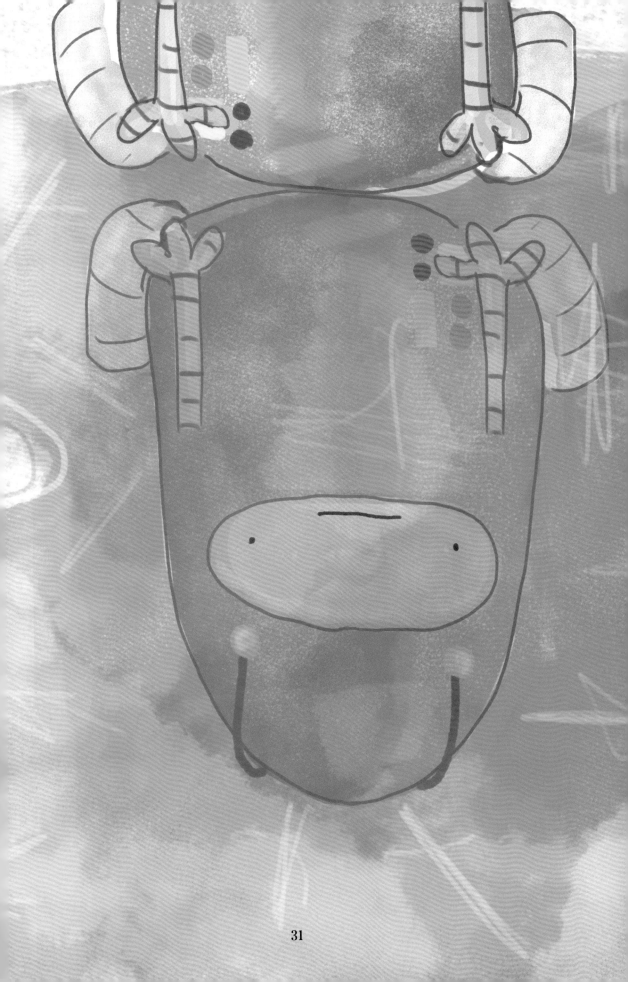

"这里发生了什么？" 老师走到操场中间，向学生们问道。

"噢，是茱莉亚的机器人……" 一个学生说。

"它很聪明，但是它真的不知道在学校里该做什么、不该做什么。"
露比说。

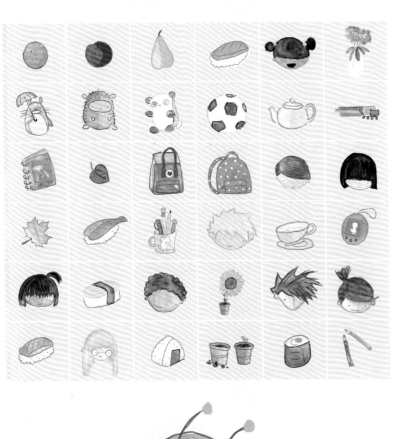

"小机器人的优点是**快速和准确**，它可以做很多事情。但是它学习的方式和我们不同，它需要**更多的训练和更多的示范**。"茱莉亚大声说。

孩子们静静地听着，不时地点点头。最后，小机器人也跟着点起了头。

"好的，我有个好办法，"老师笑着说，"我们把下午的课换一下，改上机器人学习课吧。"

"两个人为一组，每个人都有机会和小机器人分到一组。选一个任务，然后和小机器人一起完成这个任务。"老师指导大家。

下午的时间一转眼就过去了。

35

西兰花美味棒

维也纳香肠蛋糕

香蕉热狗

肉球圆筒

苹果角

牛油果冰淇淋

和小机器人一起做任务太有意思了。孩子们兴奋地分享他们的感受。

草莓拉面

糖果比萨饼

"我们把班上同学爱吃的东西列了个清单。小机器人看了以后，又想出了几样新的好吃的菜。"

"我们组建了一个乐队。小机器人能**发出所有乐器的声音**！"

"小机器人帮忙给咱们班的植物浇水，它的**传感器**能算出每盆植物需要浇多少水。"

"我们破解了一条密码。**破解密码**对小机器人来说简直太容易了……"

"储藏室里很黑，但是小机器人从里面把足球找出来了。它居然**能看清黑暗里的东西**！"

"小机器人帮我改掉了一封邮件里的所有**拼写错误**！它给我们编了一个游戏，还给我们看了几段最近才出来的好玩儿的视频。"

"看看门厅！我们和小机器人一起把鞋子**按不同的颜色**给摆放好了。"

"我教小机器人**下棋**。你猜怎么样？小机器人最后赢了一局。它真是太聪明了。"

"合作得好极了！你们想的活动都很棒，小机器人也帮上了忙，它干得不错。"老师表扬了全班同学。

　　"万岁！茉莉亚的小机器人真聪明。我们干脆叫它'小聪明'好了！你真棒，'小聪明'！"孩子们激动得鼓起了掌。

　　"我要送给'小聪明'一样东西，这是它应该得到的。"老师说着，给小机器人颁发了第一天上学的证书，还给它佩戴了徽章。

　　茉莉亚自豪地笑了。

活动手册

AI是什么？是智能机器人，是可怕的机器人还是人类的工作伙伴？计算机是怎样学习的呢？拿起你的书和笔，咱们一起来研究如何训练计算机吧。

我不是机器人。

下面哪些图跟右图的动物是一样的，请挑出来。

确认

AI 是人工智能的简称。

第一单元

什么是人工智能?

　　故事的最后，茉莉亚的小机器人学会了很多新本领。因为有了人工智能，现在有很多机器可以解决过去许多需要人类智慧才能解决的问题。而将来，人工智能还可以用来做更多事，比如驾驶汽车、诊断疾病，甚至写小说。

工具箱

　　人工智能是一组能够在新情况下处理问题的计算机软硬件。人工智能可以是机器人，也可以是机器；可以是APP（应用程序，一般指手机软件）里面的计算程序，也可以是在计算机屏幕上弹出的虚拟机器人对话窗口。

　　人工智能擅长找出问题的答案，但是没有人类所具有的感觉、情绪和意识。

　　人工智能正在不断地变化和革新。目前的AI擅长执行有明确定义和较为具体的任务，所以我们称它为弱AI。AI往往可以比人类更快、更好地解决问题，但这与真正的智能机器还相差甚远。能像人类一样解决各种各样问题的强AI还没有开发出来。

| AI | 弱AI | 强AI | 人类智慧 |

AI 在哪儿?

认出AI可不是一件容易事儿，因为它往往藏得很深，只有当我们需要它的时候它才出现。假如一个物体或者设备能够理解语言、识别物体，能够在不同的情况下做出不同的反应，或者能给使用者做出推荐，它里面可能就有人工智能。

下面有几样东西，请你来说一说哪个里面可能有人工智能。

把它们挑选出来。

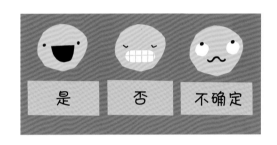

是　　否　　不确定

闹钟

温度计

铅笔

计算机游戏

互联网手机

视频频道

自动驾驶汽车

老师

人脸识别照相机

 讨论一下

一起想一想，我们什么时候用到过人工智能？为什么？

提示

计算机游戏、互联网手机、视频频道、自动驾驶汽车、人脸识别照相机

AI擅长做什么？

　　人类觉得简单的事儿对AI来说其实未必简单。人类擅长创造性的、独立的思考，而AI擅长快速和准确地处理海量数据。人类能够体会很多种感觉，而计算机却什么感觉都没有。

　　看看下面这些图片，想想哪些活动是人类擅长的？哪些是AI擅长的？

① 我喜欢想象。

② 我不用练习就会单腿跳。

③ 我知道奶奶眼睛的颜色。

④ 我能在地球的另一面说出纽约的天气。

⑤ 我能把薄饼抛起来翻面。

⑥ 我知道国际象棋所有可能的走法。

⑦ 我很会安慰人。

⑧我可以几秒钟就读完一本书。

⑨我知道这本书22~23页讲了好玩儿的事。

我能1秒就算出679898323243+74920284等于多少。

讨论一下

　　想一些计算机比人类更擅长做的事情，把它们画下来。再画一些人类比计算机更擅长做的事情。

提示

人类擅长：①②⑤⑦⑨　AI擅长：③④⑥⑧⑩

智能拼图

　　人类智能是指大脑通过处理信息来解决不同类型新问题的能力。人类智能是多方面的，因此想要把AI开发得像人一样聪明，绝不是那么容易的事儿。下面的拼图方块分别代表了人类在某个方面的智能，右页列出了几个孩子的行为。请说出这些行为分别对应哪个拼图方块所指的智能。

音乐智能

语言智能

社交智能

数学智能

运动智能

视觉智能

讨论一下

　　一起想想智能是什么。你能说出人类还具有哪些智能吗？再加上几个拼图方块。

我学乐器特别快，而且我很擅长记住音乐的旋律。

我喜欢玩智力拼图、下象棋和猜谜语。

我搭了个树屋。

我知道怎么画立体的宇宙飞船。

我很会打球。

读书对我来说是既简单又快乐的事情。

我和班里的所有同学都相处得很好。

速度

准确度

计算能力

我会做侧手翻和倒立。

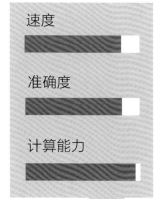

💬 讨论一下

请说出你擅长做的三件事。你知道它们分别需要哪种智能吗？

这是常识！

人在不同情形下会自然地运用常识和经验，而人工智能却无法做到这一点。一开始，研究人员希望AI能够直接模仿人类智能，像人一样学习如何认识这个世界。

他们花了大量的时间把世界上各种事物和它们的特征符号化，再把它们输入计算机。但是，这种"符号化AI"的技术进展得非常缓慢。

你能答出下面这些题目吗？它们对你来说可能是小菜一碟，但对机器而言却十分困难。

故事的开始	故事的结尾
	请选择一个你认为正确的结尾。

放学后，露比和茉莉亚去商店买冰激凌。

她们把冰激凌扔到了垃圾桶里。

她们在回家的路上吃冰激凌。

她们拿着一些垃圾。

她们把垃圾给吃了。

她们把垃圾扔到了垃圾桶里。

露比的手脏了。

露比决定去洗手。

露比戴上了手套。

你能回答出来吗?

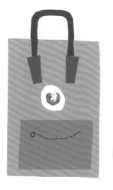

足球能装进运动袋。

运动袋能装进书包。

玩具熊猫比足球小。

请问:玩具熊猫能装进运动袋吗?

茉莉亚从地板上捡起一本书。

茉莉亚把书放进了书包里。

茉莉亚拿起一根跳绳。

茉莉亚拿起一个苹果。

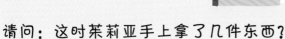

请问:这时茉莉亚手上拿了几件东西?

如果你晚上把书都收拾到了书包里,那么第二天早上这些书还在书包里吗?

我需要更多的常识。

- 列出你经常装到书包里的五样东西。
- 列出你可以在大多数教室里找到的五样东西。

我能处理海量信息。
大数据可难不倒我。

第二单元

什么是机器学习？

学习能力是一项非常重要的智能。人的大脑可以只通过几个例子就学会如何分辨苹果派、梳子和猫，然而计算机却需要成千上万的例子。这就是小机器人在学校里表现不好的原因之一。

工具箱

机器学习是近年来人工智能技术发展最快的一个领域。机器学习是指计算机通过接收大量数据的方式来学习解决问题的能力。这些数据被称作训练数据。数据类型包括文本、图像、声音和视频。计算机可以通过多种方式获得数据，既可以被动接收数据，也可以主动采集数据，例如通过各种传感器收集有关运动、温度或者亮度的数据。此外，计算机也可以把所有值得利用的数据都存储下来，比如上网数据、个人喜好数据、视频观看数据、游戏结果数据等。

计算机的电子和机械部分叫作硬件。计算机内部的指令和程序叫作软件。机器学习既要用到硬件，也要用到软件。

训练数据	硬件	软件

机器是怎么学习的?

我们可以通过给计算机"看"很多猫的样例图片，来教它如何辨认一只猫。这些样例图片中包含猫的各种特征，包括颜色、大小、毛长等。选择适当的特征作为学习对象，能帮助机器更好地学习。

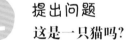

1 提出问题
这是一只猫吗?

2 收集数据
猫的样例

机器学习是人工智能技术的一个重要领域。当我们需要利用数据做一些辨认、分类、异常检测、推荐和预测的工作时，机器学习是一个非常好用的工具。它包括几种模型，比如神经网络和深度学习。

获取数据

你给计算机什么数据，它就学习什么数据。数据组织得越好，计算机就学习得越快。找一张纸，把你收集到的数据写在上面。

从你喜欢的视频节目中收集这些信息：

名字：

时长：

频道名称：

观看次数：

你给下面这些学科打几颗星？

你最喜欢的科目 = ★ ★ ★ ★ ★

数学	艺术
英语	音乐
科学	历史
还有其他科目吗？	

数一数，这张图片里分别有多少个方块、圆和星星。

连续记录自己一周的上床睡觉时间，
把表示每天睡觉时间的圆点涂上颜色。
再用一条线把这些圆点连起来。

这是折线图

睡觉时间	星期一	星期二	星期三	星期四	星期五	星期六	星期日
22：00	○	○	○	○	○	○	○
21：00	○	○	○	○	○	○	○
20：00	○	○	○	○	○	○	○
19：00	○	○	○	○	○	○	○

找几个朋友问一问，他们最喜欢这本书里的哪个角色？统计每个角色获得的票数。在下图中用铅笔画出每个角色所获得的票数，画成柱状图。你也可以用积木把每个角色的得票数搭起来，一块积木表示一票。看一看，哪个角色获得的票数最多？

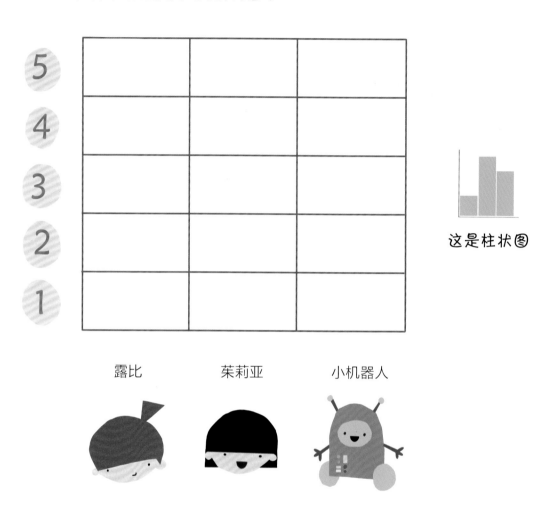

这是柱状图

露比　　　茉莉亚　　　小机器人

列出你曾经在网上搜索过的五个词语。

机器学习就是通过学习现有的数据，提供新的服务。

| 手机助手 | 视频服务 | 自动驾驶汽车 | 音乐 | 聊天工具 |

训练计算机的数据类型包括：

● 文本，例如图书

● 图片，例如连环画

● 视频，例如猫的视频

● 声音，例如电话录音

收集你自己的训练数据

计算机需要通过大量的样例进行学习。请用下面这些语音指令来训练你的智能音箱。想想还有哪些指令?

打开指令

音箱，快醒醒。

关闭指令

音箱，关闭。

播放音乐指令

音箱，放音乐。

接下来，你可以训练智能手机认识你的表情。想想在以下这些状态下，你是什么样子的？然后画下来。

高兴	难过	正常
从上到下	从左到右	感冒了
在黑暗中	戴着帽子	戴着眼镜

讨论一下

如果你要训练计算机认识马或者汽车，你需要给它什么样的数据呢？想出你想训练计算机认识的一样东西，然后给它找一些例子。你既可以画下来，也可以将图片打印出来。

合作

这个练习是为了帮助你理解计算机的运行既需要硬件，也需要软件。请在下面的图片中寻找规律，想想在每个问号的地方缺少了什么，请把它们补上。给你一点小提示：注意观察这些软硬件是按照什么顺序排列的。

服务器　服务器　代码　？　服务器　代码　服务器　服务器　？　服务器　服务器　代码

手机　聊天工具　代码　手机　手机　聊天工具　？　手机　？　聊天工具　代码　手机　手机

GPU　游戏　计算机　代码　GPU　？　计算机　代码　GPU　游戏　？

讨论一下

上图中，哪些是硬件？哪些是软件？

GPU是图形处理器的简称。机器学习既需要硬件，也需要计算能力！

提示

软件有人：代码、游戏、聊天工具

硬件有：服务器、手机、计算机

不可思议的机器学习

噢，不！机器学习系统乱套了。请顺着每一条线找，把每种数据和它对应的应用连接起来。

16 万盘围棋棋局

孩子讲的话

摄像头获取的车辆
位置信息

几千个体育故事

人们喜欢的视频

输入

计算机接收的数据来自不同类型的输入设备，比如键盘或传感器。当用户在操作软件时，不同的操作代表不同的含义，这些都是数据，都能被计算机接收到，比如点击操作、代表喜爱或推荐的操作等。

处 理

计算机需要对输入的数据进行加工处理，把它们转换为可视化的展现形式。这个过程通常是由图形处理器（简称GPU）来实现的。

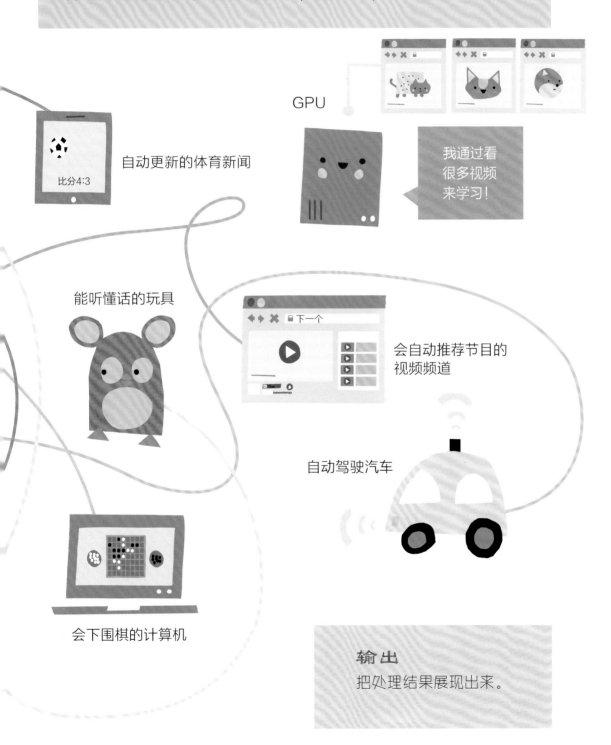

GPU

我通过看很多视频来学习！

自动更新的体育新闻

能听懂话的玩具

会自动推荐节目的视频频道

自动驾驶汽车

会下围棋的计算机

输 出
把处理结果展现出来。

第三单元

如何训练计算机？

在学校里，小机器人看到学生们举手回答问题，它很快就学会举手发言。在训练计算机时，人们首先给计算机设定目标，再给它输入很多样例，计算机就可以自己建立模型了。

工具箱

机器学习的目标是建立一个合适的模型，让它能够在绝大多数情况下做出正确回答。机器并不知道答案是否正确，它只是预测一个可能性。机器学习的三种典型方式是监督学习、无监督学习和强化学习。

监督学习适用于知道"标准答案"的情况。比如你想让计算机学习认识苹果，首先需要给它看大量的图片，告诉它哪些是苹果，哪些不是苹果。通过这样的训练，计算机就可以从众多的图片中把苹果辨认出来。

无监督学习适用于不知道"标准答案"的情况。计算机在训练数据时，自己发现规律并且对数据进行分组。

强化学习是指从经验中学习。给计算机设定一个明确的目标，再让它通过数百万次的尝试进行学习。例如，让计算机玩几万次游戏，它会在每一局游戏中不断学习。再比如，用自动驾驶程序反复驾驶汽车，它也会在每个场景、每次操控和每次碰撞中不断学习。

算法	可能性	无监督学习
模型	强化学习	监督学习

机器学习的工作原理

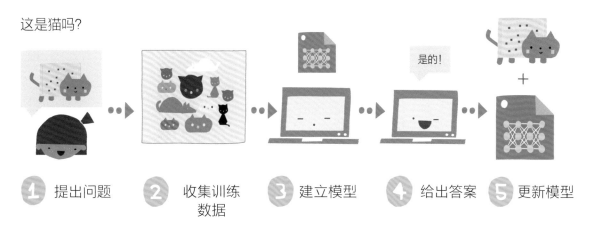

这是猫吗？

① 提出问题　② 收集训练数据　③ 建立模型　④ 给出答案　⑤ 更新模型

是的！

　　首先，人们提出一个想通过机器学习来解决的问题①。接下来是为计算机收集训练数据，再将这些数据输入计算机②。人们从成千上万的算法中选择一种适当的算法提供给计算机，用于让计算机解决这个问题。有了训练数据、学习算法和机器学习，计算机就可以自己建立模型了③。人们再用新的数据来验证模型是否准确。最后，人们可以反复向计算机提出问题①，由它给出答案④。计算机还可以根据接收到的评价和反馈不断更新这个模型⑤。

机器学习方法

苹果

不是苹果

监督学习

无监督学习

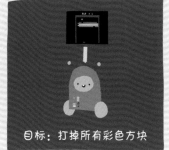

目标：打掉所有彩色方块

强化学习

模型就像学生

人类编写明确的指令和算法让计算机去执行一个任务，这个过程叫作编程。在机器学习中，计算机得到的不是每一步如何运行的指令，而是训练数据和教学算法，它需要通过学习自己解决问题。想一想，传统的编程方法和机器学习方法分别是如何解决下面这些问题的？

● 刷牙

● 吃午饭

● 举手回答问题

● 跳绳

传统的编程	机器学习

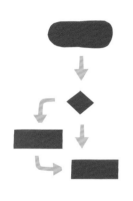

● 去卫生间

● 拿出牙刷，把一段豌豆大小的牙膏挤在牙刷头上

● 张开嘴开始刷牙，直到刷完所有牙齿

● 反复漱口，直到嘴里没有牙膏了，离开卫生间

● 记下准确的动作流程。

● 把动作分解为更小、更明确的指令。

● 保证流程顺序正确，并覆盖所有可能发生的情况。

● 收集采用各种不同的方法完成刷牙这项任务的样例。

● 把这些例子画下来或者拍成照片和视频。

不可能！

　　计算机其实什么也不知道，它们只是按照可能性预测答案而已。下面列出了一些与书中故事有关的事儿，右下方列出了四种可能性。请你选出每件事情发生的可能性，每种可能性至少选一次。说说你为什么这样选。

- 露比和茱莉亚每天一起走路去上学。
- 只要一下雪，女孩子们就滑雪去上学。
- 小机器人吃茱莉亚的甜点。
- 小机器人知道怎么说话。
- 露比为小机器人辩护。
- 当小机器人犯错误时，它会哭。
- 孩子们很高兴学校里来了一个小机器人。
- 当小机器人教孩子们时，老师很高兴。

可能性既可以用文字来表示，也可以用数字来表示。如果一件事情绝对不可能发生，它的可能性就是0；肯定会发生，可能性就是1。通常我们用0%到100%之间的一个值来表示可能性。

我们的班级

下面是孩子们对学校里一些事情的看法。请把它们分成两种类型，再给每种类型另想五个例子。

学校有意思。　　　我们班是　　　老师知道如何　　　家庭作业有时
　　　　　　　　　最好的。　　　安排时间。　　　　太多了。

肯定

否定

讨论一下

这些句子中，哪个词对你的选择起到了关键作用，请把它圈出来。

输入　学校有意思。

输出　观点类型：
　　　学校 有意思。

62

午餐

　　我们想让小机器人帮茉莉亚带午餐，首先要训练它会正确地搭配食物。

　●看看下面这些食物的照片，想想它们分别有什么特征。

　●设计一个午餐搭配的规则。把这些食物按照颜色、形状、品种或其他特征进行组合。

　●给每种组合起个名字。

　●不需要用到所有食物。

柠檬　　　桃子　　　酸橙　　　三明治　　麦片粥　　葡萄　　　威化饼　　果酱

小机器人挑选了这些食物作为午餐：

这个组合叫：

小机器人没有挑选这些食物作为午餐：

这个组合叫：

 讨论一下

　　你想了几种搭配午餐的规则？它们之间有什么区别？

菜单搭配

露比学校的厨师是按后面两周的天气来决定午餐搭配什么的。如果下雨，就喝热汤；如果天晴，就吃沙拉。

1.下表是未来14天的天气预报

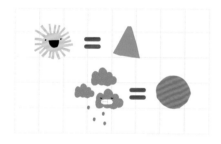

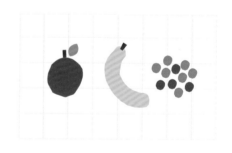

2. 拿出一张纸，根据上面的天气预报写出学校的菜单。首先，把周一到周日写到纸上，然后在雨天画上一个圆圈表示热汤，在晴天画上一个绿三角表示沙拉。记得周末不上学哦！

3. 厨师还设计了每天的水果搭配，当午餐搭配热汤时上苹果，搭配沙拉时上香蕉。如果连续两天吃的是同样的，水果还会增加一样浆果。请你把每天要上的水果也加到菜单上吧。看起来是不是棒极了？！

讨论一下

在这个盘子上画一样你希望出现在学校菜单里的食物。

找一找

　　有时候，计算机要学习的数据量是巨大的，而且它们没有进行排序或分类。计算机有办法利用人类都难以察觉的特征差异对它们进行分类。下面有两类图片，一类是看上去啥都不像的小怪物，另一类是狗。计算机有办法分辨它们，你可以吗？说说你的理由。

这些是小怪物。

这些是狗。

这些不是小怪物。

这些不是狗。

挑出哪些是小怪物。

你是怎么看出来的？

挑出哪些是狗。

你是怎么看出来的？

提示

我通过几条腿来判断哪些是小怪物，根据耳朵的形状来判断哪些是狗。

下面的图片里藏着什么？用一张纸盖在图片上，把所有标记了"1"的图形填充上颜色。

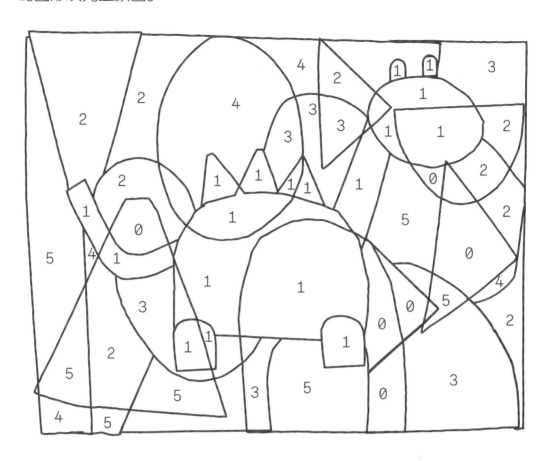

我能给大量的数据做标记，这对人类来说太难了。我擅长辨别图形，尤其当需要区分大量细节时，我的优势更明显。

机器学习就像是让机器掌握一门技能。一开始，计算机只能靠猜。随着一次次的尝试，它得到越来越多的反馈，就能给出越来越接近正确的答案。
在强化学习中，计算机先明确一个目标，再通过做很多次尝试，最终达到目标。

各种情绪

为你的机器人设计表情。在一张纸上画出机器人的五官，再把它们分别剪下来。试试每次变换一个部位，就能形成很多不同的表情。你感觉机器人的表情改变了吗？问问别人能看出来吗？

- 哪个表情最悲伤？
- 设计一个最愤怒的表情。
- 再设计一个最快乐的表情。

- 如果把行和列中的任意两种表情连接起来，能创造出什么表情？

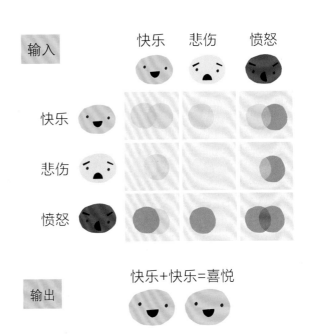

网络

神经网络是计算机学习的一种方式。下页中有一辆汽车、一辆拖车和一架直升机。现在就用它们来训练神经网络。

1.仔细观察汽车图片。数一数，神经网络的第一层有几个与汽车有关的颜色？

2.用手指从第一层选的这几种颜色出发，沿着不同的连线走到第二层，看看你能在第二层找到几个与汽车有关的形状。

3.再按照同样的方法从第二层走到第三层，看看你能在第三层找到几个与汽车有关的部件。

4.最后，算一算你在神经网络里总共找到了几个与汽车有关的特征。

5.按照同样的方法，把拖车和直升机也数一数，看看神经网络里分别有多少与它们有关的特征。

6.最后比较一下，在神经网络里，包含哪一种交通工具的信息最多？哪一种信息最少？

神经网络的方法是参照人类大脑的结构设计的。神经网络通常是由多层组成，各层进行不同的数据处理。

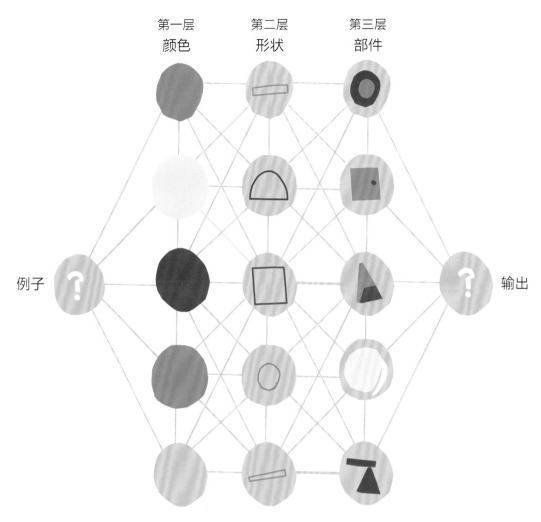

第一层 颜色　第二层 形状　第三层 部件

例子　输出

输入和层级

汽车

拖车

直升机

找到了几个
特征：

找到了几个
特征：

找到了几个
特征：

识别 识别

输出 比萨 输出 高兴

第四单元

机器学习有什么用处?

机器人敏锐的视觉、语音识别能力和行动能力都来自机器学习。你也许都没注意到，机器学习已经广泛应用于我们日常生活的方方面面了。

工具箱

机器学习的应用场景包括电子游戏、搜索引擎、视频推荐和手机助手等。计算机具有图像识别能力、语音识别能力和文字识别能力，比如人脸识别或者从信封上读取收件人地址。此外，计算机还具有语音合成能力，可以快速地将语音转化为文字。尽管机器人看上去与人类有些相似，但它们的运行机制却和人类大不相同。机器人是依靠传感器感知外界变化，通过机器学习来执行任务的。机器人能够通过人的声调、面部表情和动作猜测人是高兴还是生气。

机器学习应用	传感器	语音识别
机器视觉	机器人	

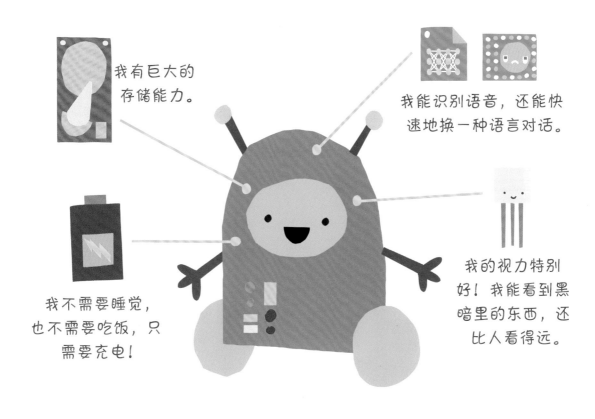

我有巨大的存储能力。

我能识别语音，还能快速地换一种语言对话。

我的视力特别好！我能看到黑暗里的东西，还比人看得远。

我不需要睡觉，也不需要吃饭，只需要充电！

传感器

传感器可以检测周边环境的状态，感知外界的变化，并输出信号。

温度传感器
检测温度变化

位移传感器
检测运动变化，比如检测到门开了

光线传感器
检测光线亮度，比如晚上和早上的光线是不同的

湿度传感器
检测湿度变化，比如检测到外面下雨了

压力传感器
检测压力变化，比如人坐到椅子上或按按钮都会产生压力

想一想
还有什么样的传感器？

感觉从哪儿来?

人类用感觉来了解世界。我们的感觉和我们的大脑一起配合工作。我们用耳朵听、用眼睛看、用鼻子闻、用嘴巴尝,用身体感知别人的触碰。但是,机器人与外界环境交互却是通过传感器和机器学习软件实现的。

人类　　　　　　　人工智能

视觉　味觉　嗅觉

摄像头　声音传感器

听觉　触觉

温度传感器　位移传感器

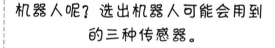

露比上学前用到了哪些感觉?　机器人呢?选出机器人可能会用到的三种传感器。

露比起床。　露比吃早餐、看视频。　露比刷牙。

机器人扫地。机器人浇花。机器人驾驶汽车。

讨论一下

你还知道哪些传感器?

72

图像快照

　　机器人看东西的方式也和人类不同。它通过分辨不同的边缘、表面和形状来识别物体。计算机的视觉处理能力很强大，所以它可以做很多人类无法做到的事情，比如在黑暗中看东西，或者在大量图片中寻找不同点。

● 对下面两组图进行重新排序。

● 首先，画一个含有3×3个小方格的表，并给每个格子逐一编号，左上角的方格标1，右下角的方格标9。

● 接下来，在第一组图中，找出标号为1的图片，照着它的样子画到1号格子里。再找出标号为2的图片，把它画到2号格子里。以此类推，直到把所有格子都画满了。

● 这时你来看一看，它们组成了一个什么图形？按这个办法，再把第二组图也重新排序，看看它又像什么？

任务1

任务2

讨论一下

　　计算机是怎样看这个世界的？发挥你的想象力，把它画出来。

自动语音识别

近年来，计算机语音识别技术发展迅速。有了这项技术，人们就可以和计算机用语音来交流了。计算机的回答有时会含糊不清，那是因为它们并不理解词语的真正含义。计算机和我们聊得越多，它就越会聊天。

露比自己编写了一个语音助手程序，能回答学习的问题。让我们来帮助露比设计一些问问题的方法，帮助语音助手训练数据。人工智能会怎样回答问题呢？你可以把你学习中遇到的问题都罗列出来。

讨论一下

我们适合用什么样的声音和计算机对话？人们该不该知道和他们对话的是计算机而不是真人呢？

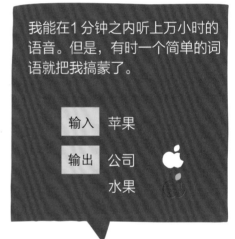

我能在1分钟之内听上万小时的语音。但是，有时一个简单的词语就把我搞蒙了。

输入	苹果
输出	公司
	水果

1.想想人们常用的表达方式
2.收集一些例子
3.用这些例子来训练计算机
4.设计答案

书写

你怎么写"机器人"这个词语？

这个简单。机器人。

"机器人"这个词语怎么写？

计算

8X5 等于多少？

提醒

明天提醒我带英语书！

定闹铃

定个早上七点的闹铃。

作业

作业是什么？

天气

天气怎么样？

走一步，再走一步

　　经过学习，机器人可以在环境中自由地移动。同学们在教室里搭了很多障碍物，教小机器人如何在教室里走动。找一枚硬币，把它放在下图教室的左上角。小机器人从这里出发，选择和它相邻的一个方块，根据方块里图形的样式决定下一步怎么走。按这个方法一直走下去，看看机器人最后走到了哪位同学那儿。

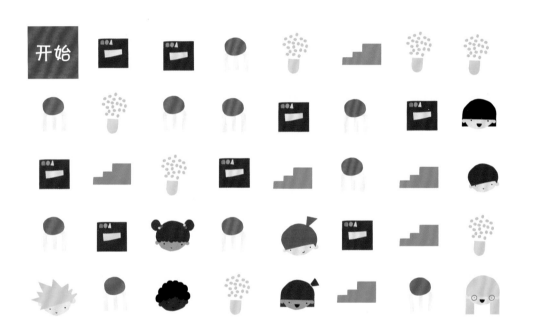

输入 / 输出　从花盆向左走一步

输入 / 输出　从椅子向下走一步

输入 / 输出　跨过盒子走到它的右边

输入 / 输出　爬到上面的格子

76

上车吧！

　　自动驾驶汽车里安装了许多机器学习程序，比如交通标志识别程序、行人识别程序等。通过学习，自动驾驶汽车的驾驶水平可以不断提高。有意思的是，一辆自动驾驶汽车学会了一项新能力后，可以立刻把它分享给其他的自动驾驶汽车。

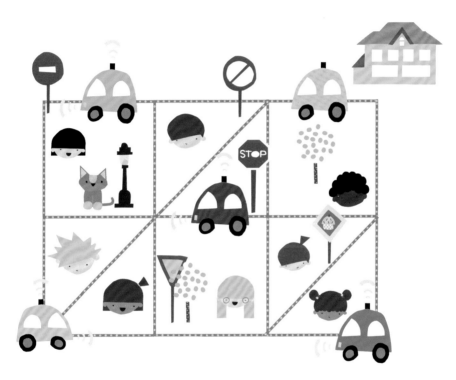

导航系统

黄色汽车开到家，哪条是最短路线？

行人识别系统

在这条路线上，黄色汽车会遇到几个人？

协作

哪辆车处于离线状态，接收不到更新的信息？

交通标志识别系统

左边是黄色汽车已经掌握的交通标志。请你对比一下地图里的交通标志，看看它还需要学习哪个标志。

自己做一个机器人

人们往往把机器人画成人的形状，但是现实世界中的机器人实际上是各式各样的，比如探索海底的潜水机器人、在空中飞行的无人机机器人和专门负责洗碗的洗碗机器人等。

自己设计一个机器人，并把它画在纸上。想一想，你设计机器人的目的是什么？它能做些什么？它需要哪些类型的传感器？又需要什么样的机器学习系统？

● 你在设计机器人时可以利用右边这些图形。别忘了再画一个信息框，写上机器人的名字、目的和它的特征。

● 试试看：把这个机器人的模型搭建起来。你可以用不同的材料，比如硬纸板、瓶盖、金属薄片、螺丝钉等，来制作你的机器人。你可能需要一些工具，比如剪刀、彩色铅笔、胶水和胶带纸。

嗨，SIRI

什么事儿，
WATSON?

机器人 "软软"

怎么样，
DEEPMIND?

长度：50 厘米
重量：2.7 千克
形状：毛茸茸的椭圆形

特征
摄像头：是机器人的眼睛，能转动。机器人通过它学习辨认主人。
麦克风：机器人通过它对接收到的语音进行识别，学习辨别自己的名字。
扬声器：机器人通过它发出声音。
压力传感器：机器人通过它感知触碰。
光线传感器：机器人通过它感知昼夜变化。
温度传感器：机器人通过它感知温度变化。

设计用途：机器人软软的任务是给人带来愉悦、平静的感觉。人们可以把它作为宠物，享受它带来的快乐时光。

讨论一下

我们应该怎样对待机器人？机器人是玩具、宠物还是朋友？你能对它大喊大叫甚至打它吗？

注：SIRI、WATSON和DEEPMIND分别是苹果、IBM和亚马逊开发的虚拟机器人/语音助手。

阿西莫夫提出了机器人三定律：

● 第一定律：机器人不得伤害人类个体或者目睹人类个体即将遭受危险而袖手旁观。
● 第二定律：机器人必须服从人类给予它的命令，当该命令与第一定律有冲突时除外。
● 第三定律：机器人在不违反第一定律与第二定律的情况下要尽可能地保护自己。

第五单元

AI 如何纠正错误？

茱莉亚的小机器人用彩笔把教室搞得一团糟，还把玩具熊猫当成足球踢飞了。尽管这个故事的结尾是好的，可是谁能保证AI在现实世界中不会惹麻烦呢？

工具箱

人工智能做出的选择和决定很大程度上与人有关。这就是为什么我们谈到人工智能时常常会感到怀疑和恐惧。

人工智能从人那里学习什么是对的、什么是错的。因此，人们可能把自己的偏见传递给计算机，或者意外地把错误的东西教给它。假如训练的数据有偏差，或者任务模糊不清，计算机都有可能做出错误的决定。

伦理	偏差

露比训练机器人

露比收集了一大堆样例想教小机器人认识几样东西。但是计算机学习了以后还是判断错了！你能指出计算机错在哪儿了吗？你认为训练数据里还应该包括哪些样例？你可以画一些需要的样例或者找一些图片。

输入

输出 所有的猫都是灰色的。

输入

输出 所有的护士都是女的。

输入

输出 这不是个茶杯。

输入 5

输出 这不是数字5。

明确目标

给人工智能设置目标时一定要小心！计算机只知道实现目标，它才不会考虑这个目标有没有意义，会不会造成伤害。

想一想，怎样把下面的任务调整一下，避免造成损失或伤害呢？

> AI的目标是尽可能多做曲别针。

> 更合适的目标是什么？

我要把所有的汽车都用来做曲别针！

> AI的目标是清除花园里的虫子。

> 更合适的目标是什么？

我要把所有的植物都搬走，就不会有虫子了。

> AI的目标是给窗台上的花儿浇水。

> 更合适的目标是什么？

我一直开着水龙头，水就充足了。

是真人还是机器人？

五十多年前，艾伦·图灵提出了一种衡量机器人与真人的相似程度的测试实验。

在这个实验中，一个人提出问题，由一个机器人和一个真人分别回答，由提问人来判断哪个答案是由真人给出的（前提是他事先不知道）。图灵认为，如果机器人足够智能，它可以让提问的人以为它是真人。

请帮露比看一看哪一组回答是茉莉亚说的，想想这是为什么。

你喜欢阅读吗？	是的！	是的，我喜欢阅读。
8+2 等于几？	稍等一下…10！	10
谁是你最好的朋友？	露比！	我觉得应该对每个人都友好。
说说你上学的第一天吧。	上学的第一天，是我和露比一起去的。	我不记得了。

讨论一下

试着向智能手机的语音助手提问，看看它会怎样回答露比的问题。再想几个问题，先让你的朋友回答，再让语音助手回答，比较一下它们有什么不同。

设计你自己的验证码

很多网站都需要验证登录的用户是真人而不是机器人（计算机模拟程序）。验证码是一种常用的验证工具，通过让用户辨认图片中的数字、字母或物体的方式来进行验证。对人来说这是个简单的事情，但对于计算机来说就比较困难。

你每次回答验证码、选择图片或者点击正确的选项，都在创建更多的训练数据，这些都会让人工智能变得更好。

我不是机器人。

我不是机器人。

设计你自己的验证码。你可以用图片、数字或字母设计一组验证码，把它们画到文本框里。让你的朋友试试看，能不能通过验证。

把图片里的文本写下来。

我不是机器人。

验证码也称CAPTCHA，它来自一个英文句子的缩写：Completely Automated Public Turing test to tell Computers and Humans Apart（区分人与计算机的全自动公共图灵测试）。

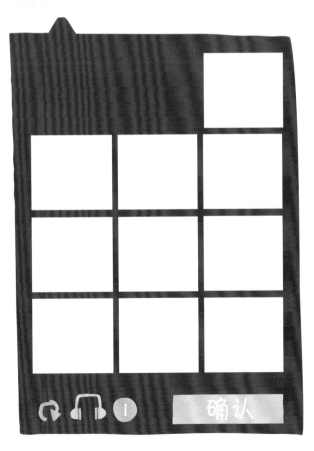

确认

我擅长问"为什么"、"怎么回事"和"如果……怎么办"。

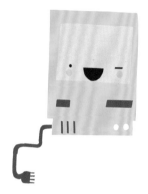

我擅长分组、归类、看图、推荐和预测。

第六单元

生活在AI的世界里

AI到底是像一只狗、一位朋友、一个助手、一只热心的海狸还是别的什么东西？这很难给出答案。但有一点可以肯定，人类和AI一定是非常棒的合作伙伴。

工具箱

将来，人工智能会取代我们的一部分工作，但有些工作不能或不应该由人工智能来完成。社交、同情心和想象力是人类所擅长的，而计算、逻辑和程序则是AI 所擅长的；人类擅于问问题和定目标，人工智能则擅于给出具体答案。

未来

AI 是个好助手

　　现在，机器学习和AI已经在一些领域得到了应用，比如搜索引擎、医药、生物、金融和手机游戏等。它们还被用于推荐商品、服务和产品。将来，人工智能在各行各业都将是我们的好助手。

对人容易、对机器难	对人容易、对机器容易
对人难、对机器难	对人难、对机器容易

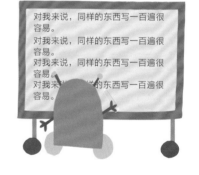

对我来说，同样的东西写一百遍很容易。
对我来说，同样的东西写一百遍很容易。
对我来说，同样的东西写一百遍很容易。
对我来说，同样的东西写一百遍很容易。

讨论一下

把以下这些职业填到上面哪个格子里最合适？
老师、消防员、飞行员、保姆、厨师、警察、糖果公司的质检员。
说说你的理由。

想一想，人工智能将怎样帮助农民、牙医、记者或面包师？人的很多工作都由人工智能完成了，那么多出来的时间，人该做什么呢？

农民

AI可以帮助农民自动找出田里的害虫。你能在20秒内数出下图里有多少只害虫吗？再数数一共有多少只益虫。

这些是害虫。我一共找到了：

这些是益虫。我一共找到了：

经过训练的AI能够20秒之内在一片真正的农田里找到大约5000只害虫。

害虫 19，益虫 15

提示

牙医

将来，AI能够协助牙医做诊断。它会读儿童牙齿的X光片，快速发现牙齿长歪的情况。你能从右边这组X光片中找出哪个孩子的牙齿松动了吗？你能发现哪个孩子有蛀牙吗？

莱纳斯

茉莉亚

姜戈

露比

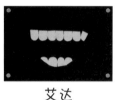
艾达

图沃

记者

AI可以帮助编写新闻。下面是给AI收集的体育新闻样例。请你试着编写一条足球比赛的新闻，从里面选择至少三句话，并补齐缺少的信息。尽情发挥你的想象力哦！别忘了加上标题。

最终比赛打平，比分 _____ 。
比分

_____ 击败了 _____ 。
球队名　　　　　　　　　球队名

比赛以 _____ 结束。
比分

_____ 队取得了胜利，保住了他们在联赛中的位置。
球队名

制胜的一球是由 _____ 在比赛的 _____ 打进的。
球员名　　　　　　　　时间

比赛的第一个球是由 _____ 打进的。
球员名

这场球赛的失利使 _____ 在联赛中排名垫底。
球队名

讨论一下

找一篇新闻稿（比如天气预报）。如果让你教AI写这个主题的新闻，需要掌握哪些关键词？

面包师

人工智能可以参与产品的设计和开发，例如帮助面包师设计纸杯蛋糕。在下表中，最上面一行是几种蛋糕样式，最左边一列是几种纸杯样式，不同的蛋糕样式和纸杯样式可以分别组合成不同样式的纸杯蛋糕。AI可以对每个样式的受欢迎程度进行测试和统计，分析人们喜欢什么样的设计。

	1	2	3	4
	5	6	7	8
	9	10	11	12
	13	14	15	16

这种纸杯蛋糕的序号是几？ □

这种纸杯蛋糕的序号是几？ □

序号是5和9的纸杯蛋糕分别是什么样子的？
画出你喜欢的纸杯蛋糕。

你和AI

想一想，AI可以为下面这些职业提供哪些帮助？

司机	保洁员	城市规划师
老师	兽医	时尚设计师

讨论一下

在你的理想职业中，AI会是一个什么样的工作伙伴？

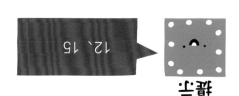

提示 12、15

机器人评价卡片

　　小机器人度过了上学的第一天。它获得了一个新名字、一个徽章和一张证书。现在轮到你给"小聪明"一天的表现打分了。你觉得每一项它可以得几颗星？星越多代表表现越好。说说你的理由。

姓名　*小聪明*

遵守规则	☆☆☆☆☆
上课认真听讲	☆☆☆☆☆
倾听他人发言	☆☆☆☆☆
积极参与活动	☆☆☆☆☆
听指挥	☆☆☆☆☆
整齐摆放学具	☆☆☆☆☆
不离开座位	☆☆☆☆☆
合理运用时间	☆☆☆☆☆
不打断别人	☆☆☆☆☆
安静做事	☆☆☆☆☆
独立完成任务	☆☆☆☆☆
及时求助	☆☆☆☆☆
尊重老师	☆☆☆☆☆
与他人合作	☆☆☆☆☆

需要提高的方面：

优点：

讨论一下

　　你认为"小聪明"哪些方面做得好，哪些方面还需要训练。

术语表

算法 Algorithm

在解决某个问题时所遵循的一系列特定步骤。

人工智能 Artificial Intelligence

一组能够在新情况下处理问题的程序和设备。AI 可以通过学习，使机器胜任以往由人类从事的工作。弱人工智能指机器通过训练能够完成特定领域的任务。强人工智能指机器可以像人类一样处理各类问题，但当前尚未实现。

偏差 Bias

在某些情况下，选择的训练数据没有反映真实的情况。不正确或不均衡的训练数据会导致有偏差或错误的结果。

验证码 CAPTCHA

是一种确保网站或服务的用户是真人而不是机器人的技术手段。CAPTCHA是"验证码"英文定义的缩写：区分人和计算机的全自动公共图灵测试。

伦理 Ethics

涉及是非对错的问题。

特征 Feature

可供机器学习模型使用的某些数据特点。

硬件 Hardware

计算机系统的实物部分，例如显示器、硬盘和键盘等。

机器学习 Machine learning

是计算机通过接收大量数据和样例，学习如何解决问题的一种能力。在机器学习中，计算机并不是执行一步一步的具体操作指令，而是通过训练数据和学习算法对问题的结果进行预测。

模型 Model

计算机在训练数据、学习算法和机器学习的帮助下建立模型。人们可以通过对不同数据的测试来检验模型是否工作正常。

编程 Programming

为执行特定任务而输入给计算机的一组指令。程序员运用某种计算机能够理解的语言编写指令。编程语言有很多种。

强化学习 Reinforcement learning

一种从经验中学习的机器学习算法。计算机首先被赋予一个明确的目标，在不知道正确答案的前提下，尝试在不同情况下运行并获得反馈。在强化学习中，计算机往往会生成多种程序方案。假如一个程序运行顺利，计算机得到了奖励，就会继续运行这个程序。否则，该程序将因得不到奖励而被终止。

机器人 Robot

机器人是一类含有计算机的可编程机器或设备，能够在实际环境中完成不同类型的任务。虚拟机器人是在虚拟环境中执行各种任务的计算机程序，例如手机助手。

传感器 Sensor

能检测到周边环境发生的事件或变化，并产生相应的输出。传感器可以测量多种指标，例如温度、光线和压力。

软件 Software

计算机构成中的无形部分，包括所有的计算机程序、应用和数据。

监督学习 Supervised learning

是一种事先已知预期结果的机器学习算法，由计算机对符合条件的样例进行学习。监督学习也用于预测事件。当计算机看过足够多的样例后，就可以进行预测了。比如预测第二天的天气或者用户最有可能买什么东西。

训练数据 Training data

机器学习算法中用于学习的数据，如文字、图像、声音或视频等。

无监督学习 Unsupervised learning

是一种没有预期结果的机器学习算法，由计算机在数据中寻找规律并按照不同特征对数据进行分组。计算机可以检测到不属于任何分组的偏差。

模型　　训练数据

苹果　　　　　　　　不是苹果

作者琳达·刘卡斯（Linda Liukas）是芬兰人，生活在赫尔辛基，她是一位计算机程序员，也是作家和插图画家。2014年，她通过众筹网站Kickstarter首次推出了"HELLO RUBY"的创意，仅用3个多小时就实现了1万美元的募集资金目标，使其成为这个活动中获得资金最多的儿童图书项目。

迄今为止，"HELLO RUBY"系列图书已将版权销售至25个国家。"HELLO RUBY"凭借有趣的教学理念，于2017年赢得了中国设计智造大奖（DIA）的金奖，又于2018年春天获得了迪拜世界博览会的拨款。琳达是计算机科学教育领域的核心人物之一。她的题为"以一种愉悦的方式教孩子们计算机"的TED演讲已有180多万人次观看。在2018年《财富》杂志的评选中，她当选为欧洲最知名的科技女性之一。此外，琳达是"Rails Girls"的创始人。"Rails Girls"是一个著名的全球性组织，它面向世界各地的年轻女性推广基本的编程技能。在过去的几年中，"Rails Girls"的志愿者在全球300多个城市举办了编程学习研讨会。

琳达相信，代码是富有创造力的符号，是21世纪的通用文字和语言。我们的世界越来越依赖于软件来运转，而每一个孩子都有权利了解更多的编程知识。讲故事是把科技世界介绍给孩子最好的方法之一。

琳达在荷兰阿尔托大学学习商业、设计和工程，并在斯坦福大学学习产品开发。

你可以在露比相关网站上登记订阅电子月刊，定期接收有关儿童科技教育的前沿信息和理念。